AF453581

CATALOGUE

DES OISEAUX

DE LA COLLECTION

DE MONSIEUR

LE BARON DE FAUGERES,

FAIT SUIVANT LE SYSTÉME

DE M. BRISSON;

*Avec les noms donnés aux mémes Oiseaux
par différens Auteurs.*

PIGEON domeſtique.
   Briſſon, gen. 1, *ſpec.* 1.
   Buffon, pl. enluminée, N°. 466.

PIGEON Romain.
   Briſſ. gen. 1, *ſp.* 2.
   Buff. pl. enlum. N°. 210.
   Linneus, Columba Hiſpanica,
   gen. 104, *ſp.* 2.

A

PIGEON de Barbarie.
    Briff. gen. 1 , *fp.* 2 , *variété* **D.**

PIGEON nonain.
    Briff. gen. 1 , *fp.* 2 , *var.* **E.**
    Lin. Columba cucullata,
      gen. 104, *fp.* 5.

PIGEON paon.
    Briff. gen. 1 , *fp.* 2 , *var.* **P.**
    Linn. Columba laticauda,
      gen. 104, *fp.* 8.

PIGEON blanc.

PIGEON Irlandois, varié de blanc & noir
    verdâtre.

PIGEON d:t Bifet.
    Briff. gen. 1 , *fp.* 3.
    Buff. pl. 510.

PIGEON fauvage.
    Briff. gen. 1 , *fp.* 5.
    Lin. Columba anas,
      gen. 104, *fp.* 1.

PIGEON ramier.
    Briff. gen. 1 , *fp.* 6.
    Linn. Columba palumbus ,
      gen. 104, *fp.* 19.

(3)

PIGEON roux de Cayenne.
Briff. gen. 1 , *fp.* 14.
Buff. pl. 141.

TOURTERELLE grife à collier.
Buff. pl. 394.

TOURTERELLE des Antilles, mâle.
Buff. Tourterelle de Saint Domingue
ou Cocotzin, *pl.* 243 , *fig.* 1.

TOURTERELLE des Antilles , femelle.
Buff. Tourterelle de la Martinique ou
Cocotzin.
   pl. 243 , *fig.* 2.

TOURTERELLE de Ceylan.
Buff. Tourterelle à cravate noire du
cap de Bonne-Efpérance ou Tourtelette.
   pl. 140.

TOURTERELLE de Java, mâle.

TOURTERELLE de Java, femelle.

Nota. Celles-ci m'ont été envoyées des Indes
Orientales, mais elles font parfaitement
conformes au Cocotzin de Buffon, ou
Tourterelle des Antilles ci-deffus.

A 2

(4)

TOURTERELLE du Sénégal.
Briſſ. gen. 1 , *ſp.* 23.
Buff. Touroco ,
pl. 160.

LE DINDON.
Briſſ. gen. 2 , *ſp.* 1.
Linn. Meleagris gallopavo ,
gen. 99 , *ſp.* 1.

LE COQ HUPÉ.
Briſſ. gen. 3 , *ſp.* 1 , *var.* **A.**
Buff. pl. 40.

LA POULE hupée blanche & herminée.

LA POULE noire hupée.

LE COQ noir.
Briſſ. gen. 3 , *ſp.* 1.
Buff. pl. 1.

UNE POULE commune avec cinq pouſſins.

LE COQ de Bantam.
Briſſ. gen. 3 , *ſp.* 2 , *var.* **B.**

LA POULE du Japon *ou* Poule de ſoie.
Briſſ. gen. 3 , *ſp.* 6.

La Pintade.
>   *Briff. gen. 4, fp. 1.*
>   *Linn. numida Meleagris,*
>   *gen. 102, fp. 1.*
>   *Buff. pl. 108.*

La Pintade blanche, variété.

La petite Pintade du Sénégal.

Cette efpèce qu'on trouve au Sénégal, eft plus petite & plus joliment marquée que la Pintade commune.

Le Coq de Bruyere.
>   *Briff. gen. 5, fp. 1.*
>   *Linn. Tetrao Urogallus,*
>   *gen. 103, fp. 1.*
>   *Buff.* grand Tetras, *pl. 73.*

Un autre *id.* en pofition d'amour.

La Poule de Bruyere.
>   *Buff. pl. 74.*
>   *Edwards, pl. 117.*

Le Coq de Bruyere à queue fourchue.
>   *Briff. gen. 5, fp. 2.*
>   *Linn. Tetrao Tetrix,*
>   *gen. 103, fp. 2.*
>   *Buff. pl. 172.*

La Gelinotte.
Briſſ. gen. 5, ſp. 5.
Linn. Tetrao Bonaſia,
gen. 103, ſp. 9.
Buff. pl. 474.

La Gelinotte des Pyrénées.
Briſſ. gen. 5, ſp. 4.
Linn. Tetrao Allhata,
gen. 103, ſp. 11.
Buff. Ganga pl. 105.
Edw. Petit Coq de Bruyere aux deux
aiguilles.
Pl. 249.

La Gelinotte du Canada.
Linn. Tetrao Canadenſis,
gen. 103, ſp. 3.
Edw. pl. 118 mâl. 71 femina.

La Gelinotte hupée d'Amérique.
Briſſ. 5, ſp. 5.

Le Lagopede en plumage d'hiver.
Briſſ. Gelinotte blanche.
gen. 5, ſp. 12.
Linn. Tetrao Lagopus,
gen. 103, ſp. 4.
Buff. pl. 129.

Le Lagopede en plumage de printems, id.

(7)

Le Lagopede en plumage d'été, *id.*

Nota. Il a été pris fur les œufs.

Le Lagopede en plumage d'automne, *id.*

La Perdrix grife.
> *Briff. gen.* 6, *fp.* 1.
> *Buff. pl.* 27.

Une Perdrix grife avec fes petits, *id.*
> *Buff. pl.* 27.

La Perdrix cendrée de Cayenne.
> *Buff.* Tinamou cendré de Cayenne,
> *voyez tom.* 4, *pag.* 610.

Grosse Perdrix de Cayenne.
> *Briff. gen.* 6, *fp.* 4.
> *Buff.* Tinamou de Cayenne, *ou* Ma-
> goua, *pl.* 476.

Agamie de Cayenne.
> *Briff. gen.* 6, *fp.* 5.
> *Barrere, gen.* 36.
> *Linn.* Pfophia crepitans,
> gen. 94, *fp.* 1.
> *Buff.* Agamie, *pl.* 167.

Autre Agamie de Cayenne, *ou* Peteufe,
id.

LA PERDRIX rouge.
Briff. gen. 6, *fp.* 10.
Buff. pl. 150.

LA BARTAVELLE.
Briff. gen. 6, *fp.* 12.
Buff. pl. 231.

LA PERDRIX rouge avec plufieurs petits, *id.*

UNE PERDRIX rouge de couleur ifabelle.
Variété rare.

LA CAILLE mâle.
Briff. gen. 6, *fp.* 14.
Linn. Tetrao Coturnix,
gen. 103, *fp.* 20.

LA CAILLE femelle avec un petit, *id.*

LA CAILLE à gorge rouffe, de la Louyfiane.
Briff. gen. 6, *fp.* 20.
Buff. Cottencui,
pl. 149.

LA CAILLE à gorge blanche. de la Louifiane.

Nota. Suivant toute apparence, c'eft la femelle de la précédente.

LA CAILLE à gorge rouffe, de Saint-Domingue.
Elle varie de celle de la Louyfiane.

(9)

LE FAISAN mâle.
  Briff. gen. 7, *fp.* 1.
  Linn. Phafianus Colchicus,
    gen. 101, *fp.* 3.
  Buff. pl. 121.

AUTRE FAISAN mâle, *id.*

FAISAN femelle, *id.*

LE FAISAN panaché de Tartarie.
  Briff. gen. 7, *fp.* 1, *var. A.*

AUTRE FAISAN panaché de Tartarie, *id.*

LE FAISAN doré, *ou* Tricolor de la Chine.
  Briff. gen. 7, *fp.* 4.
  Linn. Phafianus pictus,
    gen. 101, *fp.* 5.
  Buff. pl. 217.

AUTRE FAISAN doré, *ou* Tricolor de la
  Chine, *id.*

LE FAISAN blanc & noir de la Chine, mâle.
  Briff. gen. 7, *fp.* 5.
  Linn. Phafianus Nicthemerus,
    gen. 101, *fp.* 6.
  Buff. pl. 123.

SA FEMELLE.
  Buff. pl. 124.

PAON mâle faisant la roue.
Briff. gen. 7, *fp.* 7.
Linn. Pavo criftatus,
gen. 98 , *fp.* 1.
Buff. pl. 433.

HOCCO hupé du Pérou.
Briff. Hocco du Bréfil, *gen.* 7, *fp.* 11.
Linn. Crax mitu, gen. 100, *fp.* 3.
Buff. Hocco de la Guyane, *pl.* 86.

HOCCO de Cayenne *ou* Faifan de Cayenne,
appellé à Cayenne Paracoua.

EPERVIER hagard, tiercelet.
Briff. gen. 8, *fp.* 1.
Linn. Falco nifus, gen. 42, *fp.* 31.
Buff. pl. 467.

EPERVIER hagard, femelle.
Briff. gen. 8 , *fp.* 1.
Buff. pl. 412.

AUTRE EPERVIER hagard, femelle, *id.*

PETIT EPERVIER de Cayenne.

Nota. Il n'eft point décrit.

PETIT EPERVIER de la baie d'Hudfon.

Nota. Il n'eft point décrit.

(11)

Epervier de Cayenne appellé à Cayenne
Pagani.
    Barrere, *claff.* 3, *gen.* 3 , *fp.* 6.

Faucon de la baie d'Hudfon.
    Briff. gen. 8 , *fp.* 10.
    Linn. Falco Hudfonicus,
      gen. 42 , *fp.* 19.
    Edw. pl. 107.

Faucon fors.
    Briff. gen. 8 , *fp.* 4.
    Linn. Falco gentilis,
      gen. 42 , *fp.* 13.

Faucon hagard.
    Briff. Faucon tacheté,
      gen. 8, *fp.* 4 , *var. F.*
    Edw. Faucon tacheté, *pl.* 3.
    Buff. pl. 421.

Soubuse mâle.
    Briff. Faucon à collier,
      gen. 8 , *fp.* 7.
    Buff. pl. 480.

Soubuse femelle.
    Briff. gen. 8 , *fp.* 7.
    Buff. pl. 443.

Rochier *ou* Faucon de roche.
    Briff. gen. 8 , *fp.* 8.
    Buff. pl. 447.

AUTOUR varié.
Briff. gen. 8, *fp.* 3.
Linn. Falco Palumbarcus,
gen. 42, *fp.* 30.
Buff. pl. 418.

PETIT AUTOUR de Cayenne.
Buff. pl. 473.

LANIER cendré.
Briff. gen. 8, *fp.* 17.
Linn. Falco Cyaneus,
gen. 42, *fp.* 10.
Edw. Faucon bleu, *pl.* 225.
Buff. Oifeau S. Martin,
pl. 459.

HOBEREAU.
Briff. gen. 8, *fp.* 20.
Linn. Falco Subbuteo,
gen. 42, *fp.* 14.
Buff. pl. 432.

HOBEREAU dévorant un écorcheur, *id.*

HOBEREAU jeune.

VARIÉTÉ D'HOBEREAU.

HOBEREAU à ventre gris.
Buff. pl. 431.

(13)

JEUNE HOBERAU à ventre gris.

VARIÉTÉ DE L'HOBEREAU à ventre gris.

HOBEREAU roux du Bréfil.

Nota. Cet Oifeau n'eft décrit nulle part.

CRESSERELLE mâle.
Briff. gen. 8 , *fp.* 27.
Linn. Falco Tinunculus ;
gen. 42 , *fp.* 16.
Buff. pl. 401.

AUTRE CRESSERELLE mâle, *id.*

CRESSERELLE femelle.
Briff. gen. 8 , *fp.* 27, *femina.*
Linn. Falco Tinunculus, femina ;
gen. 42 , *fp.* 16.
Buff. pl. 471.

CRESSERELLE femelle, *id.*

BUSARD.
Briff. gen. 8 , *fp.* 28.
Buff. pl. 423.

HARPAYE fors.
Buff. pl. 460.
Briff. Bufard roux.
gen. 8 , *fp.* 30.

BUSARD de marais.
>*Briff. gen.* 8 , *fp.* 29.
>*Linn. Falco æruginofus*,
>   *gen.* 42 , *fp.* 29.
>*Buff. pl.* 424.

BUSE mâle.
>*Briff. gen.* 8 , *fp.* 32.
>*Linn. Falco buteo*,
>   *gen.* 42 , *fp.* 15.

BUSE de couleur brune, variété, *id.*
>*Buff. pl.* 419.

BUSE de couleur claire, variété, *id.*

BUSE à tête blanche, variété, *id.*

Nota. Cette variété reffemble au Bufard de marais, de *Buff. pl.* 424.

BONDRÉE.
>*Briff. gen.* 8 , *fp.* 33.
>*Linn. Falco apivorus*,
>   *gen.* 42 , *fp.* 28.
>*Buff. pl.* 420.

AUTRE BONDRÉE, *id.*

AUTRE BONDRÉE dévorant un Blongios, *id.*

(15)

Milan blanc & noir, à queue fourchue,
de la Caroline.

Nota. Il n'eft décrit nulle part tel qu'eft
celui-là.

L'Aigle commune.
    Briff. gen. 9, *fp.* 1.
    Linn. Falco fulvus,
       gen. 42, *fp.* 6.
    Buff. pl. 409.

Aigle commune dévorant un Héron gris.

Aigle noire.
    Briff. gen. 9, *fp.* 8.
    Linn. Falco Melanæatus,
       gen. 42, *fp.* 2.

Jeune Aigle royal âgé de fix mois.
    Briff. gen. 9, *fp.* 7.
    Linn. Fateo Chrifaetos,
       gen. 42, *fp.* 5.

Aigle hupé du Bréfil.
    Briff. gen. 9, *fp.* 13.

Aigle du Bréfil.
    Briff. gen. 9, *fp.* 12.
    Margrave Urubutinga Braffilienfibus.
    Hift. Nat. Braff. *pag.* 214.

Grand Vautour.
> *Briſſ. ſp.* 1 *, gen.* 10.
> *Buff. pl.* 425.

Grand Vautour ayant la peau du col & des pattes bleues, variété ſingulière.

Vautour dit Griffon.

Vautour dit Perenoptere.
> *Briſſ. gen.* 10 *, ſp.* 8.
> *Linn. Vultur Perenopterus, mas,*
> *gen.* 41 *, ſp.* 7.

Véritable Laemmer-Geyer des Alpes.

Roi des Vautours noirs du Bréſil.

Nota. Il n'eſt point décrit.

Vautour noir du Bréſil.
> *Briſſ. gen.* 10 *, ſp.* 10.
> *Linn. Vultur aura,*
> *gen.* 41 *, ſp.* 5.
> *Buff. Urubu, pl.* 137.

Grand Duc mâle.
> *Briſſ. gen.* 11 *, ſp.* 1.
> *Linn. Strix bubo,*
> *gen.* 43 *, ſp.* 1.
> *Buff. pl.* 435.

Grand

GRAND DUC femelle, *id.*

AUTRE GRAND DUC mâle, *id.*

AUTRE GRAND DUC femelle, *id.*

MOYEN DUC *ou* Hibou.
 Briff. gen. 11, *fp.* 4.
 Linn. Strix otus,
  gen. 43, *fp.* 4.
 Buff. pl. 29.

PETIT DUC *ou* Scops.
 Briff. gen. 11, *fp.* 5.
 Linn. Strix Scops,
  gen. 43, *fp.* 5.
 Buff. pl. 436.

CHOUETTE *ou* grande Cheveche.
 Briff. gen. 12, *fp.* 4.
 Linn. Strix ulula,
  gen. 43, *fp.* 10.
 Buff. pl. 438.

CHOUETTE noire *ou* Hulotte.
 Briff. gen. 12, *fp.* 3.
 Linn. Strix aluco,
  gen. 43, *fp.* 7.
 Buff. pl. 441.

HARSANG *ou* grande Chouette de la baye
d'Hudſon.
>   *Briſſ. gen.* 12, *ſp.* 8.
>   *Edw. pl.* 61.
>   *Linn. Strix nictea,*
>   *gen.* 43, *ſp.* 6.
>   *Buff. pl.* 458.

CHOUETTE des bois *ou* Chat-huant.
>   *Briſſ. gen.* 12, *ſp.* 1.
>   *Linn. Strix ſtridula,*
>   *gen.* 43, *ſp.* 9.
>   *Buff. pl.* 437.

CHOUETTE dorée, *ou* Freſaye, *ou* Effraye.
>   *Briſſ. gen.* 12, *ſp.* 2.
>   *Linn. Strix flammea,*
>   *gen.* 43, *ſp.* 8.
>   *Buff. pl.* 440.

AUTRE CHOUETTE dorée, *ou* Freſaye, *ou*
Effraye, *id.*

PETITE CHOUETTE *ou* Cheveche.
>   *Briſſ. gen.* 12, *ſp.* 5.
>   *Linn. Strix paſſerina,*
>   *gen.* 43, *ſp.* 12.
>   *Buff. pl.* 439.

CORACIAS *ou* Crave.
>   *Briſſ. gen.* 13, *ſp.* 1.
>   *Buff. pl.* 255.

AUTRE CORACIAS, *id.*

LE CORBEAU.
    Briss. gen. 14, *sp.* 1.
    Linn. Corvus corax,
       gen. 50, *sp.* 2.

AUTRE CORBEAU, *id.*

AUTRE CORBEAU, *id.*

CORBINE *ou* Corneille noire de l'Isle - de-
France.

CORNEILLE mantelée.
    Briss. gen. 14, *sp.* 4.
    Buff. pl. 76.

CHOQUART *ou* Choucas des Alpes.
    Briss. gen. 14, *sp.* 8.
    Buff. pl. 531.

CHOUCAS.
    Briss. gen. 14, *sp.* 6.
    Linn. Corvus monedula,
       gen. 50, *sp.* 6.

CHOUCAS gris, *ou* le Grosle.
    Buff. pl. 523.

CHOUCAS à pattes & bec jaunes.
    Briss. gen. 14, *sp.* 8.
    Buff. pl. 531.

CHOUCAS à bec jaune & pattes rouges.

Nota. Tous ces Choucas font de même efpèce,. & cette variété dans les couleurs du bec & des pattes provient de l'âge ou du fexe.

CHOUCAS chauve de Cayenne.
    Buff. pl. 521.

AUTRE CHOUCAS chauve de Cayenne, *id.*

Nota. Cet Oifeau n'eft décrit que par M. de Buffon.

COL nud de Cayenne.
    Buff. pl. 609.

Nota. Cet Oifeau n'eft décrit que par M. de Buffon.

LA PIE.
    Briff. gen. 15 , *fp.* 1.
    Linn. Corvus pica,
        gen. 50, *fp.* 13.
    Buff. pl. 488.

LE GEAY mâle.
    Briff. gen. 16, *fp.* 1.
    Linn. Corvus glandarius,
        gen. 50, *fp.* 7.
    Buff. pl. 481.

GEAY bleu de l'Amérique Septentrionale.
> *Briff. gen.* 16, *fp.* 4.
> *Linn. Corvus criftatus,*
>   *gen.* 50, *fp.* 8.
> *Buff. pl.* 529.

AUTRE GEAY bleu du Canada *ou* de l'Amérique Septentrionale, *id.*

LE GEAY à ventre jaune de Cayenne, *ou* le Garlu.
> *Buff. pl.* 129.

Nota. Il n'eft décrit que par M. de Buffon.

LE CASSE-NOIX.
> *Briff. gen.* 17, *fp.* 1.
> *Linn. Corvus cariocatactes,*
>   *gen.* 50, *fp.* 10.
> *Buff. pl.* 50.

LE CASSE-NOIX, *id.*

LE ROLLIER.
> *Briff. gen.* 18, *fp.* 1.
> *Linn. Coracias garrula,*
>   *gen.* 51, *fp.* 1.
> *Buff. pl.* 486.

CASSIQUE brun à longue queue jaune de
Cayenne, *ou* Caſſique hupé de Cayenne.
Buff. pl. 344.

CASSIQUE brun, *id.*

CASSIQUE olive de Cayenne, *ou* Caſſique
vert à longue queue.
Buff. pl. 828.

Nota. Il n'eſt décrit que par M. de Buffon.

CASSIQUE dit YAPOU.
Briſſ. gen. 19, *ſp.* 14.
Linn. Oriolus perſicus,
gen. 52, *ſp.* 7.
Buff. l'Yapou, pl. 184.

CASSIQUE dit L'YAPOU, *id.*

CASSIQUE dit JUPUBA.
Briſſ. gen. 19, *ſp.* 13.
Linn. Oriolus Hæmorrhous,
gen. 52, *ſp.* 6.
Buff. id. Jupuba, pl. 482.

BALTIMORE femelle.
Briſſ. gen. 19, *ſp.* 20.
Catesby, Baltimore bâtard,
tom. 1, *pl.* 49.
Buff. tom. 3, *pl.* 231.

CAROUGE dit Coëffe jaune.
    Briff. gen. 19, *fp.* 27.
    Linn. Oriolus icterocephalus,
        gen. 52 , *fp.* 16.
    Buff. Coëffe jaune, pl. 343.
    Edw. Etourneau à tête jaune, *pl.* 323.

CAROUGE, dit Coëffe jaune, *id.*

CAROUGE dit Coëffe jaune, *id.*

TROUPIALE de Cayenne.
    Briff. gen. 19, *fp.* 18.
    Linn. Oriolus guyanenfis,
        gen. 52 , *fp.* 9.
    Buff. pl. 236, *fig.* 2.

TROUPIALE de Cayenne, *id.*

TROUPIALE noir & jaune du Bréfil.
    Briff. gen. 19, *fp.* 1.
    Linn. Oriolus icterus,
        gen. 52, *fp.* 4.
    Buff. le Troupiale, *pl.* 532.

TROUPIALE noir & jaune du Bréfil, *id.*

TROUPIALE à ailes rouges.
    Briff. gen. 19, *fp.* 12.

(24)

Linn. Oriolus phœniceus ,
gen. 52, *ſp.* 5.
Buff. le Commandeur, *pl.* 402.

TROUPIALE olive de Cayenne.
Buff. pl. 606, *fig.* 2.

TROUPIALE noir.
Briſſ. gen. 19, *ſp.* 15.
Linn. Gracula Barita ,
gen. 53, *ſp.* 4.
Buff. pl. 534.

TROUPIALE violet foncé, *ou* petit Troupiale
noir, femelle.
Buff. pl. 606, *fig.* 1.

CAROUGE olive de la Louyſiane.
Briſſ. gen. 19, *ſp.* 30.
Linn. Oriolus capenſis,
gen. 52, *ſp.* 15.
Buff. pl. 607, *fig.* 2.

CAROUGE du Mexique, mâle.
Briſſ. gen. 19, *ſp.* 23.
Linn. Oriolus luteus,
gen. 52, *ſp.* 13.
Buff. petit Cul jaune, *pl.* 5, *fig.* 1.

CAROUGE du Mexique, femelle, *id.*

(25)

CAROUGE de Cayenne.
Briff. gen. 19, fp. 26.
Linn. Oriolus Cayanenfis,
gen. 52, fp. 15.
Buff. Carouge de l'Ifle Saint-Thomas,
pl. 535, fig. 2.

CAROUGE de Cayenne, id.

OISEAU DE PARADIS.
Briff. gen. 20, fp. 1.
Linn. paradifea Apoda,
gen. 54, fp. 1.
Buff. pl. 254.

OISEAU DE PARADIS, id.

PIEGRIECHE grife.
Briff. gen. 21, fp. 1.
Linn. Lanius excubitor,
gen. 44, fp. 11.
Buff. pl. 445.

PIEGRIECHE grife, variété, id.

PIEGRIECHE grife, autre variété, id.

PIEGRIECHE grife, troifième variété, id.

PIEGRIECHE grife d'Italie.
Buff. pl. 32, fig. 1.

PIEGRIECHE rousse.
Briss. gen. 21 , *sp.* 3.
Linn. Lanius collurio,
gen. 44 , *sp.* 12.
Buff. pl. 9 , *fig.* 2 , le mâle.

PIEGRIECHE rousse , *id.*
Buff. pl. 9 , *fig.* 1 , la femelle.

ECORCHEUR.
Briss. gen. 21 , *sp.* 4.
Linn. Lanius colurio,
gen. 44 , *sp.* 12.
Buff. pl. 31 , *fig.* 2.

ECORCHEUR , *id.*

PIEGRIECHE rayée de Cayenne.
Briss. gen. 21 , *sp.* 21.
Linn. Lanius dōliatus,
gen. 44 , *sp.* 16.
Edw. Piegrieche noire & blanche ,
pl. 226.

PIEGRIECHE rayée de Cayenne , *id.*

PIEGRIECHE noire à bec rouge, des Indes.

Nota. Cet oiseau n'est décrit nulle part.

PIEGRIECHE à queue rouſſe, de Cayenne.

Nota. C'eſt la femelle du Piegrieche jaune
de Cayenne, dépeinte par M.. de Buffon,
pl. 296.

PIEGRIECHE à ventre jaune, de Cayenne.

GRIVE de montagne dite la Draine.
  Briſſ. gen. 22, *ſp.* 1.
  Linn. Turdus viſcivorus,
    gen. 107, *ſp.* 1.
  Buff. pl. 489.

GRIVE proprement dite.
  Briſſ. gen. 22, *ſp.* 2.
  Linn. Turdus muſicus,
    gen. 107, *ſp.* 4.
  Buff. pl. 406.

GRIVE dite Litorne.
  Briſſ. gen. 22, *ſp.* 5.
  Linn. Turdus pilaris,
    gen. 107, *ſp.* 2.
  Buff. pl. 490.

GRIVE dite Rouſſerolle.
  Briſſ. gen. 22, *ſp.* 6.
  Linn. Turdus arundinaceus,
    gen. 107, *ſp.* 25.
  Buff. pl. 513.

GRIVE dite Mauvis.
>*Briff. gen.* 22, *fp.* 3.
>*Linn. Turdus illiacus,*
>   *gen.* 107, *fp.* 3.
>*Buff. pl.* 51.

GRIVE de l'Ifle Sainte-Lucie.
>*Buff.* Grive de la Guyane, *pl.* 398,
>*fig.* 1.

GRIVE à ventre roux, de Cayenne.

MERLE de France, mâle.
>*Briff. gen.* 22, *fp.* 10.
>*Linn. Turdus merula,*
>   *gen.* 107, *fp.* 22.
>*Buff. pl.* 2.

MERLE de France, femelle, *id.*

MERLE à poitrail blanc, mâle.
>*Briff. gen.* 107, *fp.* 12.
>*Linn. Turdus torquatus,*
>   *gen.* 107, *fp.* 23.
>*Buff. pl.* 516.

MERLE à poitrail blanc, femelle, *id.*

AUTRE femelle, *id.*

MERLE de montagne.
>*Briff. gen.* 22, *fp.* 11.
>*Buff. pl.* 182.

MERLE à cul & queue blanche, dans l'efprit-
de-vin.

MERLE de rocher, mâle.
Briff. gen. 22, *fp.* 13.
Linn. Turdus faxatilis.
gen. 107, *fp.* 14.
Buff. pl. 562.

MERLE de rocher, femelle, *id.*

AUTRE MERLE de rocher, femelle, *id.*

MERLE bleu, mâle.
Briff. gen. 22, *fp.* 37.
Linn. Turdus cianeus,
gen. 107, *fp.* 24.
Edw. pl. 18.

MERLE bleu, femelle.
Buff. pl. 250.

MERLE couleur de rofe, mâle.
Briff. gen. 22, *fp.* 20.
Linn. Turdus rofeus.
gen. 107, *fp.* 15.
Edw. pl. 251.
Buff. pl. 251.

MERLE couleur de rofe, femelle, *id.*

MERLE folitaire.
Briff. gen. 22, *fp.* 30.
Buff. tom. 3, *pag.* 358.

A**utre** M**erle** folitaire, *id.*

A**utre** M**erle** folitaire, *id.*

M**erle** folitaire, femelle, *id.*

P**etit** M**erle** du cap de Bonne-Efpérance.
    Buff. petit Merle à gorge roufle, de
    Cayenne.
    pl. 644, *fig.* 2.

L**e** M**oqueur.**
    Briff. gen. 22, *fp.* 27.
    Linn. Turdus orpheus,
      gen. 107, *fp.* 11.
    Buff. pl. 558, *fig.* 1.
    Edw. pl. 78.

L**e** P**almiste** du Bréfil.
    Briff. gen. 22, *fp.* 48.
    Linn. Turdus palmarum,
      gen. 107, *fp.* 19.
    Buff. pl. 539, *fig.* 1.

M**ainalte.**
    Briff. gen. 22.
    Linn. Gracula religiofa,
      gen. 53, *fp.* 1.
    Edw. pl. 17.

LORIOT mâle.
    Briff. gen. 22, *fp.* 58.
    Linn. Oriolus galbula,
      gen. 52, *fp.* 1.
    Buff. pl. 26.

LORIOT femelle, *id.*

AUTRE LORIOT mâle, *id.*

AUTRE LORIOT femelle, *id.*

LE JASEUR de Bohême.
    Briff. gen. 22, *fp.* 63.
    Linn. Ampellis garullus,
      gen. 108, *fp.* 1.
    Buff. pl. 261.

LE JASEUR de Bohême, *id.*

LE JASEUR d'Amérique.

COTINGA rouge.
    Briff. gen. 23, *fp.* 7.
    Linn. Ampellis carnifex,
      gen. 108, *fp.* 3.

COTINGA pourpre jeune.
    Briff. gen. 23, *fp.* 5.

COTINGA pourpre adulte.
Briff. gen. 23 , *fp.* 5.
Linn. Ampellis pompadora,
gen. 108, *fp.* 2.
Edw. Pompadour, pl. 341.
Buff. pl. 279.

COTINGA des Mainas.
Briff. gen. 23 , *fp.* 2.
Linn. Ampellis mainata,
gen. 108, *fp.* 5.
Buff. pl. 229.

COTINGA.
Briff. gen. 23 , *fp.* 1.
Linn. Ampellis cotinga,
gen. 108 , *fp.* 4.
Buff. pl. 186.

GOBE-MOUCHE.
Briff. gen. 24 , *fp.* 1.
Linn. Mufcicapa grifola,
gen. 113 , *fp.* 20.

GOBE-MOUCHE de Saint-Domingue.
Briff. gen. 24 , *fp.* 18.

GOBE-MOUCHE dit Chat-Oifeau.
Briff. gen. 24 , *fp.* 5.
Catesby, Chat-Oifeau de la Virginie,
tom. 1 , *pl.* 66.
Linn. Mufcicapa Carolinenfis,
gen. 113 , *fp.* 18.

GRAND

GRAND GOBE-MOUCHE noir à gorge pourpre, de Cayenne.
>*Briss. gen.* 24, *sp.* 15.
>*Buff. pl.* 581.

GOBE-MOUCHE noir hupé de Madagafcar.
>*Briss. gen.* 24, *sp.* 16.
>*Buff. pl.* 189.

TYRAN du Bréfil & de Cayenne.
>*Briss. gen.* 24, *sp.* 20.
>*Buff. pl.* 212.

L'ÉTOURNEAU *ou* SANSONET.
>*Briss. gen.* 26, *sp.* 1.
>*Linn. Sturnus vulgaris,*
>   *gen.* 106, *sp.* 1.
>*Buff. pl.* 75.

L'ÉTOURNEAU , *id.*

UN AUTRE ÉTOURNEAU , *id.*

L'ÉTOURNEAU de la Louyfiane.
>*Briss. gen.* 26, *sp.* 4.
>*Linn. Sturnus Ludovicianus,*
>   *gen.* 106, *sp.* 3.
>*Buff. le Stourne, pl.* 256.

L'ÉTOURNEAU de Terres Mageilaniques.
>*Buff. pl.* 113.

Nota. Il n'y a que M. de Buffon qui en
ait parlé.

C

La Hupe.
>   *Briff. gen.* 27, *fp.* 1.
>   *Linn. Upupa epops,*
>   *gen.* 64, *fp.* 1.
>   *Buff. pl.* 52.

PROMEROPS à longue queue.
>   *Briff. gen.* 28, *fp.* 1.
>   *Linn. Upupa Promerops,*
>   *gen.* 64, *fp.* 2.

Le Petit Promerops.

>   *Nota.* Il n'eft pas connu.

CRAPAUD-VOLANT *ou* Tête-Chevre.
>   *Briff. gen.* 29, *fp.* 1.
>   *Linn. Caprimulgus Europeus,*
>   *gen.* 118, *fp.* 1.
>   *Buff. pl.* 193.

CRAPAUD-VOLANT de Cayenne.
>   *Briff. gen.* 29, *fp.* 5:
>   *Linn. Caprimulgus Americanus,*
>   *gen.* 118, *fp.* 2.
>   *Buff. pl.* 325.

HIRONDELLE de cheminée.
>   *Briff. gen.* 30, *fp.* 1.
>   *Linn. Hirundo ruftica,*
>   *gen.* 117, *fp.* 1.
>   *Buff. pl.* 543, *fig.* 1.

GRANDE HIRONDELLE de Gibraltar.
    Briff. gen. 30, *fp.* 11.
    Linn. Hirundo melba,
        gen. 117, *fp.* 11.

GRANDE HIRONDELLE noire du Bréfil.
    Briff. gen. 30, *fp.* 10.
    Linn. Hirundo tapera,
        gen. 117, *fp.* 9.
    Buff. pl. 545, *fig.* 1.

HIRONDELLE variée de la Guyane.
    Buff. Hirondelle à ventre blanc de Cayen-
    ne, *pl.* 546, *fig.* 2.

MARTINET.
    Briff. gen. 30, *fp.* 15.
    Linn. Hirundo apus,
        gen. 117, *fp.* 6.
    Buff. pl. 542, *fig.* 1.

GRANDE HIRONDELLE de l'Orenoque.

    Nota. Elle n'eft pas décrite.

TANGARA.
    Briff. gen. 31, *fp.* 1.
    Linn. Tanagra tatao,
        gen. 111, *fp.* 11.
    Buff. pl. 7, *fig.* 1.

AUTRE TANGARA, *id.*

AUTRE TANGARA, *id.*

TANGARA noir à épaules blanches de Cayenne.
>*Buff*. Tangara noir d'Amérique.
>*pl.* 179, *fig.* 2.

TANGARA verd à tête maron de Cayenne.
>*Briff*. Tangara du Pérou,
>*pl.* 133, *fig.* 2.

TANGARA bleu à poitrine piquetée.
>*Briff. gen.* 31, *fp.* 2.
>*Linn. Tanagra Mexicana*,
>*gen.* 111, *fp.* 10.
>*Edw.* Mefange noire & bleue,
>*pl.* 350.
>*Buff. pl.* 290, *fig.* 2.

TANGARA à tête & dos fauve.
>*Briff. gen.* 31, *fp.* 12.
>*Linn. Tanagra Cayana*,
>*gen.* 111, *fp.* 8.
>*Buff.* Tangara à tête rouffe de Cayenne.
>*pl.* 290, *fig.* 1.

TANGARA verd à tête fauve.

TANGARA bleu du Bréfil.
>*Briff. gen.* 31, *fp.* 6.
>*Linn. Tanagra cyanea*,
>*gen.* 111, *fp.* 6,
>*Buff. pl.* 179, *fig.* 1.

TANGARA turquin du Brésil.
Buff. pl. 179 , *fig.* 1.

TANGARA bleu & jaune.
Briff. gen. 31 , *fp.* 18.
Linn. Tanagra violacea ,
gen. 111 , *fp.* 5.
Buff. pl. 114 , *fig.* 2.
Edw. Mefange dorée ,
pl. 263.

TANGARA bleu & jaune, *id.*

EVÊQUE.
Briff. gen. 31 , *fp.* 23.
Linn. Tanagra Epifcopus ,
gen. 111 , *fp.* 19.
Buff. pl. 178 , *fig.* 1.

AUTRE EVÊQUE , *id.*

AUTRE EVÊQUE , *id.*

EVÊQUE à dos bleu.

CARDINAL pourpre dit Bec d'argent, mâle.
Briff. gen. 31 , *fp.* 29.
Buff. pl. 128 , *fig.* 1.

FEMELLE DU CARDINAL pourpre.
Briff. gen. 31 , *fp.* 29.
Buff. pl. 128 , *fig.* 2.

CHARDONERET.
>*Briff. gen.* 32 , *fp.* 1.
>*Linn. Fringilla cardeulis ,*
>gen. 112, *fp.* 12.

CHARDONERET, *id.*

AUTRE CHARDONERET , *id.*

TARIN de la Nouvelle-York.
>*Briff. gen.* 33 , *fp.* 55 , Verdier des Indes.
>*Buff.* Verdier du cap Bonne-Eſpérance,
>*pl.* 341 , *fig.* 1.

>*Nota.* Il m'a été envoyé de la Nouvelle-York ſous le nom de Tarin.

LE MOINEAU.
>*Briff. gen.* 33 , *fp.* 1.
>*Linn. Fringilla domeſtica,*
>gen. 112 , *fp.* 36.
>*Buff. pl.* 6 , *fig.* 1.

MOINEAU des bois *ou* à la Soulcie.
>*Briff. gen.* 33 , *fp.* 6.
>*Linn. Fringilla petronia,*
>gen. 112 , *fp.* 30.
>*Buff. pl.* 225.

MOINEAU de riviere.

(39)

MOINEAU de la Louyſiane.
Briſſ. gen. 33 , *ſp.* 15.
Buff. le Soulciet,
pl. 223 , *fig.* 2.

MOINEAU à bec & pattes rouges du cap
Bonne-Eſpérance , dans l'eſprit-de-vin.
Briſſ. gen. 33 , *ſp.* 18.

MOINEAU rouge de Madagaſcar.
Briſſ. gen. 33 , *ſp.* 20.
Linn. Loxia Madagaſcarienſis,
gen. 109, *ſp.* 6.
Buff. foudi lehemene ,
pl. 134 , *fig.* 2.

MOINEAU à bec rouge du Sénégal, mâle.
Briſſ. gen. 33 , *ſp.* 19, la femelle.
Linn. Emberiſa quelea,
gen. 110, *ſp.* 8.
Buff. pl. 183 , *fig.* 2.

CARDINAL Dominicain.
Briſſ. gen. 33 , *ſp.* 21.
Buff. Paroare , *tom.* 3 , *pag.* 501.

CARDINAL Dominicain hupé de la Louyſiane.
Briſſ. gen. 33 , *ſp.* 22.
Buff. Paroare hupé ,
pl. 103.

GRANDE VEUVE d'Angola.
Briff. gen. 33 , *fp.* 25.
Linn. Emberiſa paradiſea ,
gen. 110 , *fp.* 19.
Buff. pl. 194 , *fig.* 2.

GRANDE VEUVE d'Angola, après la mue.
Buff. pl. 194 , *fig.* 1.

LINOTTE.
Briff. gen. 33 , *fp.* 29.
Buff. pl. 151 , *fig.* 1.

AUTRE LINOTTE, *id.*

AUTRE LINOTTE , *id.*

LINOTTE rouge *ou* grande Linotte des vignes.
Briff. gen. 33 , *fp.* 30.
Linn. Fringilla linaria ,
gen. 112 , *fp.* 29.
Buff. pl. 485 , *fig.* 1.

LINOTTE à tête jaune.
Briff. Moineau du Mexique ,
gen. 33 , *fp.* 12.
Edw. Linotte à tête jaune , *pl.* 44.
Buff. id. tom. 4 , *pag.* 83.
Linn. Loxia Mexicana , gen. 109 , *fp.* 26.

Nota. Cet oiſeau eſt dans l'eſprit-de-vin.

PETITE LINOTTE des vignes.
> *Briff. gen.* 33, *fp.* 31.
> *Buff. pl.* 151, *fig.* 2.

LE PETIT DEUIL de Cayenne.

Nota. Il n'eft pas décrit.

PINÇON mâle.
> *Briff. gen.* 33, *fp.* 36.
> *Linn. Fringilla cœlebs ,*
> *gen.* 112, *fp.* 3.

AUTRE PINÇON mâle, *id.*

PINÇON femelle, *id.*

PINÇON d'Ardennes, mâle.
> *Briff. gen.* 33, *fp.* 37.
> *Linn. Monti Fringilla ,*
> *gen.* 112, *fp.* 4.
> *Buff. pl.* 54, *fig.* 2.

AUTRE PINÇON mâle d'Ardennes, *id.*

PINÇON d'Ardennes, femelle, *id.*

PINÇON de montagne, variété finguliere.
> *Linn. Fringilla Laponica ,*
> *gen.* 112, *fp.* 1.

PINÇON de neige *ou* Niverolle.
Briff. gen. 33 , *fp.* 39.
Linn. Fringilla nivalis,
gen. 112, *fp.* 21.

PINÇON de neige *ou* Niverolle, *id.*

PINÇON de la Louyfiane.

SERIN.
Briff. gen. 33 , *fp.* 50.
Buff. pl. 658 , *fig.* 1.

SERIN de Canarie.
Briff. gen. 33 , *fp.* 52.
Linn. Fringilla Canaria ,
gen. 112, *fp.* 23.

VERDIER.
Briff. gen. 33 , *fp.* 54.
Buff. pl. 257 , *fig.* 2.

VERDIER de la Louyfiane dit le Pape.
Briff. gen. 33 , *fp.* 58.
Linn. Emberifa ciris ,
gen. 110, *fp.* 24.
Edw. Pinçon peint , *pl.* 130 & 273.
Buff. pl. 159, *fig.* 1.

AUTRE VERDIER de la Louyfiane dit le
Pape , *id.*

AUTRE VERDIER de la Louyſiane dit le Pape, *id.*

Nota. Il eſt dans la liqueur dans un bocal.

BENGALI mâle.
>*Briſſ. gen.* 33, *ſp.* 60.
>*Linn. Fringilla Bengalus,*
>   *gen.* 112, *ſp.* 32.
>*Buff. pl.* 115, *fig.* 1.

BENGALI femelle.
>*Briſſ. gen.* 33, *ſp.* 60.
>*Linn. Fringilla angolenſis,*
>   *gen.* 112, *ſp.* 31.

BENGALI brun.
>*Briſſ. gen.* 33, *ſp.* 61.
>*Linn. Fringilla amandavad,*
>   *gen.* 112, *ſp.* 10.
>*Buff. pl.* 115, *fig.* 3.

AUTRE BENGALI brun, *id.*

BENGALI piqueté.
>*Briſſ. gen.* 33, *ſp.* 62.
>*Buff. pl.* 115, *fig.* 2.

SENEGALI rayé.
>*Briſſ. gen.* 33, *ſp.* 63.
>*Edw. pl.* 354.

SENEGALI rouge.
>*Briſſ. gen.* 33, *ſp.* 64.
>*Edw.* Bec-de-cire, *pl.* 179.

SÉNEGALI.
>*Briss. gen.* 33 , *sp.* 63.
>*Buff. pl.* 157 , *fig.* 1.

AUTRE SÉNEGALI rayé , envoyé de Manille, *id.*

GROS-BEC.
>*Briss. gen.* 34 , *sp.* 1.
>*Buff. pl.* 99.

AUTRE GROS-BEC , *id.*

GROS-BEC de Virginie dit Cardinal hupé.
>*Briss. gen.* 34 , *sp.* 17.
>*Buff. pl.* 37.

GROS-BEC bleu de la Caroline.
>*Briss.* Gros-Bec bleu d'Angola ,
>*supplément, pag.* 88.
>*Buff. pl.* 154.

GROS-BEC de Cayenne.
>*Briss. gen.* 34 , *spec.* 4.
>*Buff.* Flavert , *pl.* 152 , *fig.* 2.

GROS-BEC cendré de la Chine.
>*Briss. gen.* 34 , *sp.* 12,
>*Linn. Loxia oryfivora ,*
>*gen.* 109 , *sp.* 14.
>*Buff.* Padda *ou* Oiseau de ris ,
>*pl.* 151 , *fig.* 1.

GROS-BEC cendré de la Chine, *id.*

GROS-BEC de la Chine *ou* Gros-Bec tacheté
de Java.
Briff. gen. 34 , *fp.* 9.
Edw. Moineau dit Cowry, *pl.* 40.

GROS-BEC bleu d'Angola.
Briff. fupplément, gen. 34 , *fp.* 19.
Linn. Loxia cianea,
gen. 109 , *fp.* 22.

Nota. Cet Oifeau eft dans l'efprit-de-vin.

BRUANT.
Briff. gen. 35 , *fp.* 1.
Linn. Emberifa citrinella,
gen. 110 , *fp.* 5.
Buff. pl. 30 , *fig.* 1.

AUTRE BRUANT, *id.*

BRUANT à gorge noire.
Briff. gen. 35 , *fp.* 2.
Linn. Emberifa circus,
gen. 110 , *fp.* 12.

AUTRE BRUANT à gorge noire, *id.*

BRUANT des prés.
Briff. gen. 35 , *fp.* 3.
Linn. Emberifa cia, gen. 110 , *fp.* 11.
Buff. pl. 30 , *fig.* 2.

BRUANT dit Proyer.
   Briff. gen. 35 *, fp.* 10.
   Linn. Emberifa milliaria,
   gen. 110 *, fp.* 5.
   Buff. pl. 233.

ORTOLAN.
   Briff. gen. 35 *, fp.* 4.
   Buff. pl. 447 *, fig.* 2.

BOUVREUIL mâle.
   Briff. gen. 37 *, fp.* 1.
   Linn. Loxia pyrrhula,
   gen. 109 *, fp.* 4.
   Buff. pl. 145 *, fig.* 1.

BOUVREUIL.
   Briff. gen. 37 *, fp.* 1.
   Linn. Loxia pyrrhula,
   gen. 109 *, fp.* 4.

BOUVREUIL à ventre roux de Cayenne.
   Buff. pl. 319 *, fig.* 2.

BEC-CROISÉ.
   Briff. gen. 38 *, fp.* 1.
   Linn. Loxia curviroftra,
   gen. 109 *, fp.* 1.
   Edw. pl. 303.

L'ALLOUETTE.
   Briff. gen. 39 *, fp.* 1.
   Linn. Alauda arvenfis,
   gen. 105 *, fp.* 1.

Autre Allouette, *id.*

Variété d'Allouette en peau.

L'Allouette blanchâtre.
  Briff. Alauda alba,
    gen. 39, *fp.* 1, *var. A.*

L'Allouette des bois *ou* le Cujelier.
  Briff. gen. 39, *fp.* 2.
  Linn. Alauda arborea,
    gen. 105, *fp.* 3.

L'Allouette des prés *ou* Farloufe.
  Briff. gen. 39, *fp.* 3.
  Linn. Alauda pratenfis,
    gen. 105, *fp.* 2.

L'Allouette des prés *ou* la Farloufe, *id.*

L'Allouette hupée.
  Briff. gen. 39, *fp.* 9.
  Linn. Spinoletta,
    gen. 105, *fp.* 7.

Autre Allouette hupée, *id.*

L'Allouette de buiffon.
  Briff. gen. 39, *fp.* 4.
  Linn. Alauda trivialis,
    gen. 105, *fp.* 5.

(48)

La Fauvette.
> *Briff. gen.* 40, *fp.* 2.
> *Linn. Motacilla hippolais,*
> *gen.* 114, *fp.* 7.

Autre Fauvette, *id.*

La Fauvette grife.
> *Briff. gen.* 40, *fp.* 4.
> *Linn. Motacilla filvia,*
> *gen.* 114, *fp.* 9.

Autre Fauvette grife, *id.*

La Fauvétte des haies *ou* Paffe-Bufe.
> *Briff. gen.* 40, *fp.* 12.
> *Linn. Motacilla modularis,*
> *gen.* 114, *fp.* 3.

Autre Fauvette des haies *ou* Paffe-Bufe, *id.*

La Fauvette à gorge rouffe, *ou* rouffette.
> *Briff. gen.* 40, *fp.* 11.
> *Linn. Motacilla fchœnobœnus,*
> *gen.* 114, *fp.* 4.

La Fauvette des rofeaux *ou* Dringue jaune.
> *Briff. gen.* 40, *fp.* 5.
> *Linn. Motacilla folitaria,*
> *gen.* 114, *fp.* 8.

Rossignol de muraille.
> *Briff. gen.* 40, *fp.* 15.
> *Linn. Motacilla phœnicurus,*
> *gen.* 114, *fp.* 34

Autre

(49)

Autre Rossignol de muraille, *id.*

Rossignol de montagne.

Rouge-Gorge.
  Briss. gen. 40, *sp.* 21.
  Linn. Motacilla rubecula,
    gen. 114, *sp.* 45.
  Buff. pl. 361, *fig.* 1.

Rouge-Gorge bleue, de la Caroline.
  Briss. gen. 40, *sp.* 23.
  Edw. pl. 24.

Rouge-Queue.
  Briss. gen. 40, *sp.* 19.
  Linn. Motacilla erithæcus,
    gen. 114, *sp.* 35.

Rouge-Queue à collier.
  Briss. gen. 40, *sp.* 18.

Gorge-Bleue, mâle.
  Briss. gen. 40, *sp.* 19.
  Linn. Motacilla svecica,
    gen. 114, *sp.* 37.

Gorge-Bleue, femelle, *id.*
  Buff. pl. 361, *fig.* 2.
Rouge-Tête jaune d'Angola, *ou* Serin cou-
  ronné.
  Edw. pl. 352.

D

ROITELET.
>*Briff. gen.* 40, *fp.* 24.
>*Linn. Motacilla troglodites,*
> *gen.* 114, *fp.* 46.

TRAQUET *ou* TARIER.
>*Briff. gen.* 40, *fp.* 26.

CUL-BLANC, *ou* Vitrec, *ou* Motheux.
>*Briff. gen.* 40, *fp.* 33.
>*Linn. Motacilla œnanthe,*
> *gen.* 114, *fp.* 15.

BERGERONETTE grife.
>*Briff. gen.* 40, *fp.* 39.

BERGERONETTE jaune.
>*Briff. gen.* 40, *fp.* 41.
>*Linn. Motacilla flava,*
> *gen.* 114, *fp.* 41.
>*Buff. pl.* 28, *fig.* 1.

AUTRE BERGERONETTE jaune; *id.*

FIGUIER de la Caroline.
>*Briff. gen.* 40, *fp.* 48.
>*Buff. pl.* 58, *fig.* 1.

FIGUIER de la Martinique.
>*Briff. gen.* 40, *fp.* 50.

Pipit-Verd du Bréfil.
Briff. gen. 40, *fp.* 70.

Mésange Charbonnière.
Briff. gen. 41, *fp.* 1.
Linn. Parus major,
gen. 116, *fp.* 3.

Autre Mésange Charbonnière,

Mésange à tête bleue.
Briff. gen. 41, *fp.* 2.
Linn. Parus cœruleus,
gen. 116, *fp.* 5.
Buff. pl. 3, *fig.* 2.

Mésange de marais, *ou* Nonette.
Briff. gen. 41, *fp.* 7.
Linn. Parus paluftris,
gen. 116, *fp.* 8.
Buff. pl. 3, *fig.* 3.

Mésange à longue queue.
Briff. gen. 41, *fp.* 13.
Linn. Parus caudatus,
gen. 116, *fp.* 11.
Buff. pl. 502, *fig.* 3.

Mésange à longue queue, *id.*

Mésange hupée.
Briff. gen. 41, *fp.* 8.

MÉSANGE du Nord.
Briff. gen. 41 , *fp.* 12.
Linn. Parus biarmicus,
gen. 116 , *fp.* 12.

ROITELET couronné, *ou* Poul, *ou* Souci.
Briff. gen. 41 , *fp.* 17.
Linn. Motacilla regulus,
gen. 114 , *fp.* 48.

AUTRE ROITELET couronné, *id.*

LE GRIMPEREAU.
Briff. gen. 43 , *fp.* 1.
Linn. Certhia familiaris,
gen. 65 , *fp.* 1.

LE GRIMPEREAU de muraille *ou* de rocher.
Briff. gen. 43 , *fp.* 2.
Linn. Certhia muralis,
gen. 65 , *fp.* 2.
Buff. pl. 372.

LE GRIMPEREAU de muraille *ou* de rocher,
id.

AUTRE GRIMPEREAU de muraille *ou* de rocher, *id.*

GRIMPEREAU du cap de Bonne-Efpérance.
Briff. gen. 43 , *fp.* 7.
Linn. Certhia Capenfis,
gen. 65 , *fp.* 4.

(53)

GRIMPEREAU verd, mâle, du Bréfil.
  Briff. gen. 43, *fp.* 17.
  - *Linn. Certhia Cayana,*
    gen. 65, *fp.* 4.

GRIMPEREAU verd, femelle, du Bréfil.
  Briff. gen. 43, *fp.* 17.
  Linn. Certhia Cayana,
    gen. 65, *fp.* 4.

GRIMPEREAU bleu du Bréfil & de la Guyane.
  Briff. gen. 43, *fp.* 13.
  Linn. Certhia cianea,
    gen. 65, *fp.* 24.
  Buff. pl. 83, *fig.* 2.

GRIMPEREAU bleu du Bréfil & de la Guyane, *id.*

GRIMPEREAU verd à tête & aîles noires.
  Briff. gen. 43, *fp.* 15.
  Linn. Certhia fpiza,
    gen. 65, *fp.* 12.

GRIMPEREAU, dit le Sucrier, de la Marti-
  nique.
  Briff. fupplément, pag. 117.
  Linn. Certhia flaveola, B.
    gen. 65, *fp.* 18.
  Edw. pl. 122.

GRIMPEREAU de Madagafcar.
Briff. gen. 43 , *fp.* 20.
Linn. Certhia chalybea,
gen. 65 , *fp.* 10.
Buff. GRIMPEREAU du cap de Bonne-
Efpérance, *pl.* 246 , *fig.* 3.

GRIMPEREAU à longue queue des Indes.
Briff. gen. 43 , *fp.* 23.
Linn. Certhia violacea,
gen. 65 , *fp.* 22.

COLIBRI mâle, des grands bois de Cayenne.
Briff. Colibri rouge à longue queue de
Surinam, *gen.* 44 , *fp.* 15.
Linn. Trochylus palla,
gen. 66 , *fp.* 2.

COLIBRI femelle , des grands bois de
Cayenne, *id.*

AUTRE COLIBRI mâle, *id.*

AUTRE COLIBRI femelle, *id.*

COLIBRI à gorge verte.
Briff. gen. 44 , *fp.* 1.
Linn. Trochylus taumantias,
gen. 66 , *fp.* 8.

COLIBRI femelle, dans fon nid.

Colibri à gorge rouge.
Briff. gen. 44, *fp.* 11.

Colibri à ventre pourpre.
Linn. Trochylus jugularis,
gen. 66, *fp.* 7.

Colibri à gorge verte.
Briff. gen. 44, *fp.* 1.
Linn. Trochylus taumantias,
gen. 66, *fp.* 8.

Colibri à gorge verte fur fon nid, avec
deux œufs.

Autre Colibri à gorge verte, *id.*

Colibri femelle, *id.*

Colibri à gorge & poitrine rouges.
Briff. gen. 44, *fp.* 11.
Linn. Trochylus jugularis,
gen. 66, *fp.* 7.

Autre Colibri à gorge & poitrine rouges, *id.*

Autre Colibri à gorge & poitrine rouges, *id.*

Colibri à ventre pourpre, *id.*

D 4

PETIT COLIBRI à gorge rousse, femelle.

COLIBRI verd.

AUTRE COLIBRI verd.

AUTRE COLIBRI verd.

OISEAU-MOUCHE à gorge topase.
    Briss. gen. 45, *sp.* 3.
    Linn. Trochylus mosquitus,
      gen. 66, *sp.* 14.

OISEAU-MOUCHE à tête de rubis & gorge
topase.

OISEAU-MOUCHE à gorge & ventre verds.
    Briss. gen. 45, *sp.* 6.
    Linn. Trochylus mellifugus,
      gen. 66, *sp.* 15.

OISEAU-MOUCHE à gorge & ventre verds,
id.

AUTRE OISEAU-MOUCHE, *id.*

OISEAU-MOUCHE femelle, à ventre roux.
    Briss. gen. 45, *sp.* 4.
    Linn. Trochylus Tomineo femina,
      gen. 66, *sp.* 12.

OISEAU-MOUCHE noir à gorge blanche.
  Briff. gen. 45 , *fp.* 8.
  Linn. Trochylus niger,
    gen. 66 , *fp.* 17.

OISEAU-MOUCHE à gorge blanche, *id.*

OISEAU-MOUCHE à gorge blanche , *id.*

OISEAU-MOUCHE à gorge bleue.
  Briff. gen. 45 , *fp.* 10.
  Linn. Trochylus ouriffea ,
    gen. 66 , *fp.* 13.

OISEAU-MOUCHE hupé d'émeraude.
  Briff. gen. 45 , *fp.* 12.
  Linn. Trochylus criftatus,
    gen. 66 , *fp.* 18.

OISEAU-MOUCHE hupé d'émeraude, *ia.*

TORCOL *ou* Fourmillier.
  Briff. gen. 46 , *fp.* 1.
  Linn. Yunx Torquilla ,
    gen. 58 , *fp.* 1.

PIC verd.
  Briff. gen. 47 , *fp.* 1.
  Linn. Picus viridis,
    gen. 59 , *fp.* 12.
  Buff. pl. 371.

JEUNE PIC verd de même espèce.

PIC noir.
> *Briss. gen.* 47, *sp.* 6.
> *Linn. Picus martius,*
> *gen.* 59, *sp.* 1.

EPEICHE *ou* PIC varié.
> *Briss. gen.* 47, *sp.* 14.
> *Linn. Picus medius,*
> *gen.* 59, *sp.* 18.
> *Buff. pl.* 196.

AUTRE EPEICHE *ou* PIC varié, *id.*

EPEICHE à tête noire.

EPEICHE à tête rouge.

PETIT PIC varié *ou* petit Epeiche.
> *Briss. gen.* 47, *sp.* 15.

GRAND PIC noir, à hupe rouge, de la Louysiane.
> *Linn. Picus lineatus,*
> *gen.* 59, *sp.* 4.

GRAND PIC noir hupé de Cayenne.
> *Briss. gen.* 47, *sp.* 11.

Pic maron à hupe blanche.

Nota. Il n'eſt point décrit : celui qui en approche le plus, eſt le Pic jaune tacheté de Cayenne.
>*Buff. pl.* 524.

Grand Pic à baguettes d'or, de la Louyſiane.
>*Linn. Picus auratus,*
>gen. 59, *ſp.* 9.

Pic à baguettes d'or, de Cayenne.
>*Briſſ. gen.* 47, *ſp.* 28.

Petit Pic à baguette d'or.

Pic rayé à tête rouge, de la Louyſiane & de Saint-Domingue.
>*Buff. pl.* 281.

Pic rayé de la Martinique.

Pic à tête rouge, de la Louyſiane & de la Virginie.
>*Buff.* Pic de Virginie, *pl.* 117.

Sa femelle, *id.*

Pic varié de la Louyſiane & de Saint-Domingue.
>*Buff.* Pic de Canada,
>*pl.* 345, *fig.* 1.

Pic de Saint-Domingue.

Pic brun de Cayenne.

Pic à tête & dos blancs, du Bréfil.

Petit Pic, dit Charpentier, à dos rouge de Cayenne.

Pic roux dit à Cayenne Talapiot.

Pic roux dit à Cayenne Talapiot.

Jacamar à longue queue, de la Jamaïque.
    Briff. gen. 48, *fp.* 2.
    Linn. Alcedo paradifea,
        gen. 62, *fp.* 14.
    Buff. pl. 271.

Jacamar à longue queue, de Cayenne.
    Briff. gen. 48, *fp.* 2.

Jacamar de Cayenne.

Jacamar doré à gorge rouffe.
    Briff. gen. 48, *fp.* 1.
    Linn. Alcedo galbula,
        gen. 62, *fp.* 15.
    Buff. Jacamar du Bréfil, *pl.* 238.

Jacamar doré à gorge blanche.

Nota. Ce Jacamar, à la différence près de la couleur de la gorge, eft femblable au précédent : ce qui fait croire que l'un eft la femelle de l'autre.

Barbu de Cayenne.
Briff. gen. 49, *fp.* 2.
Barbu de Cayenne,
Buff. pl. 206, *fig.* 1.

Barbu de Cayenne, *id.*

Barbu à gorge rouge, du Bréfil.
Linn. Bucco capenfis,
gen. 56, *fp.* 1.

Coucou vieux.
Briff. gen. 50, *fp.* 1.
Linn. Cucullus canorus,
gen. 57, *fp.* 1.

Coucou jeune, *id.*

Coucou adulte, *id.*

Coucou à poitrine & ventre gris, d'Ecoffe.

Coucou de la Nouvelle-York.
Briff. gen. 50, *fp.* 8.
Buff. Coucou de Cayenne, *pl.* 211.

Coucou à long bec, de la Jamaïque.
Briff. gen. 50, *fp.* 5.
Linn. Cucullus vetula,
gen. 57, *fp.* 4.

PETIT COUCOU noir de Cayenne.
Buff. pl. 505.

COUROUCOU verd du Bréfil.
Briff. gen. 51, *fp.* 4.
Linn. Trogon curucui,
gen. 55, *fp.* 2.
Buff. pl. 195.

BOUT DE PETUN.
Briff. gen. 52, *fp.* 1.
Linn. Crotophaga ani,
gen. 49, *fp.* 1.
Buff. pl. 102.

BOUT DE PETUN du Bréfil, *id.*

AUTRE BOUT DE PETUN de Buenos-ayres, *id.*

ARA bleu & jaune du Bréfil.
Briff. gen. 53, *fp.* 4.
Linn. Pfitacus ararauna,
gen. 45, *fp.* 3.
Edw. pl. 159.
Buff. pl. 36.

ARA bleu & jaune du Bréfil, *id.*

AUTRE ARA, *id.*

GRAND KAKATOES à hupe rouge.
 Briſſ. gen. 53 , *ſp.* 10.
 Linn. Pſitacus criſtatus ,
  gen. 45 , *ſp.* 22.
 Edw. pl. 160.
 Buff. pl. 498.

KAKATOES à hupe jaune,
 Briſſ. gen. 53 , *ſp.* 9.
 Buff. pl. 14.

LORY des Moluques.
 Briſſ. gen. 53 , *ſp.* 14.
 Linn. Garrulus ,
  gen. 45 , *ſp.* 25.

LORY varié des Moluques.
 Briſſ. gen. 53 , *ſp.* 16.
 Linn. Pſitacus Lory ,
  gen. 45 , *ſp.* 27.
 Edw. pl. 170.
 Buff. pl. 168.

LORY de Céram.
 Briſſ. gen. 53 , *ſp.* 13.
 Edw. pl. 172.

LORY des Indes Orientales.
 Linn. Pſitacus domicella ,
  gen. 45 , *ſp.* 26.
 Edw. pl. 171.

Perroquet verd d'Amérique.
    Briff. Perroquet Amazone du Bréfil,
    gen. 53 , *fp.* 35.

Perroquet verd à tête bleuâtre , les joues
    jaunes , du Bréfil.

Perroquet verd de la Guadeloupe.
    Briff. Perroquet des Barbades ,
    gen. 53 , *fp.* 22.

Perroquet à tête & gorge bleues.
    Briff. Perroquet à tête bleue , de la
    Guyane ,
    gen. 53 , *fp.* 28.
    Linn. Pfitacus menftruus ,
    gen. 45 , *fp.* 39.
    Buff. Perroquet à tête bleue , de la
    Guyane , *pl.* 384.

Perroquet à front blanc & gorge rouge.
    Briff. Perroquet à gorge rouge , de la
    Martinique ,
    gen. 53 , *fp.* 27.
    Buff. Perroquet de la Martinique ,
    pl. 549.

Perroquet Amazone.

Perroquet de la Caroline.
    Buff. Perroquet Amazone ,
    pl. 547.

Perroquet

(65)

PERROQUET maillé *ou* à tête de Faucon,
  Buff. pl. 526.
  Briff. Perroquet varié des Indes,
   gen. 53, *fp.* 43.
  Edw. pl. 165.
  Linn. Pfitacus accipitrinus,
   gen. 45, *fp.* 38.

PERROQUET cendré de Guinée.
  Briff. gen. 53, *fp.* 49.
  Linn. Pfitacus erythæcus,
   gen. 45, *fp.* 24.

PERROQUET gris à queue rouge, de Guinée.

PERRUCHE à tête aurore.
  Briff. Perruche de la Caroline,
   gen. 53, *fp.* 67.
  Linn. Pfitacus Carolinenfis,
   gen. 45, *fp.* 13.

PERRUCHE à longue queue & à collier, mâle.
  Briff. Perruche à collier,
   gen. 53, *fp.* 55.
  Linn. Pfitacus Alexandri,
   gen. 45, *fp.* 14.
  Buff. Perruche à collier,
   pl. 551.

PERRUCHE à longue queue, femelle.

Nota. La femelle n'a pas de collier.

PERRUCHE verte de la Guyane.
Briff. gen. 53 , *fp.* 59.
Buff. pl. 167 ou 407.

PERRUCHE à tête noire & gorge jaune, de Cayenne.

PERRUCHE à longue queue, de Cayenne.
Briff. gen. 53 , *fp.* 54.
Buff. pl. 167.

PERRUCHE à longue queue , des Antilles.
Buff. pl. 550.

PERRUCHE de la Guadeloupe.
Briff. Perruche de la Guadeloupe.
gen. 53 , *fp.* 58.

PERRUCHE à ventre gris verdâtre, mâle.
Edw. pl. 177.

PERRUCHE à ventre gris verdâtre , femelle.
Edw. pl. 177.
Briff. Perruche de la Martinique,
gen. 53 , *fp.* 69.

PERRUCHE couleur de rofe & bleue, des Philippines.

Nota. Elle m'a été apportée des Philippines par un Capitaine de vaiffeau de guerre Efpagnol.

(67)

PERRUCHE variée d'Amboine.
Briff. Perruche variée des Indes,
gen. 53, *fp.* 73.
Linn. P*fi*tacus ornatus,
gen. 43, *fp.* 19.
Buff. pl. 552.

PERRUCHE verte à taches aurores fur les
aîles.
Briff. petite Perruche aux aîles d'or,
Supplément, pag. 130.

PETITE PERRUCHE du Bréfil, mâle.
Briff. gen. 53, *fp.* 85.
Buff. petite Perruche mâle de Guinée,
pl. 60.

PETITE PERRUCHE du Bréfil, femelle.

PETITE PERRUCHE à aîles jaunes, de Cayenne.
Briff. petite Perruche de Cayenne,
gen. 53, *fp.* 18.
Buff. petite Perruche verte de Cayenne,
pl. 539.

PETITE PERRUCHE verte des Antilles.
Briff. petite Perruche du Bréfil,
gen. 53, *fp.* 81.
Buff. petite Perruche de Cayenne,
pl. 456, *fig.* 2.

PETITE PERRUCHE de la Guadeloupe.

PETITE PERRUCHE verte à aîles bleues, de
Guinée.
>*Buff.* petite Perruche du cap de Bonne-
>Espérance, *pl.* 455, *fig.* 1.

PETITE PERRUCHE bleue à ventre blanc,
de Taiti.
>*Buff.* petite Perruche de Taiti,
>*pl.* 455, *fig.* 2.

TOUCAN à gorge blanche.
>*Briff. gen.* 54, *fp.* 4.
>*Linn. Ramphaftos pifcivorus,*
>*gen.* 46, *fp.* 4.
>*Edw. pl.* 238.
>*Buff. pl.* 262.

TOUCAN à gorge bleue dorée.

>*Nota.* Il n'eſt pas décrit.

TOUCAN à gorge blanche & poitrine aurore.
>*Briff.* Toucan de Cayenne,
>*gen.* 54, *fp.* 2.
>*Linn. Ramphaftos decolorus,*
>*gen.* 46, *fp.* 7.
>*Edw. pl.* 329.
>*Buff. pl.* 307.

TOUCAN à bec dentelé.
>*Briff.* Toucan verd du Bréfil,
>*gen.* 54, *fp.* 9.
>*Linn. Ramphaftos Aracari,*
>*gen.* 46, *fp.* 3.
>*Buff. pl.* 166.

TOUCAN verdâtre à collier.
>*Briſſ. gen.* 54, *ſp.* 10.
>*Linn. Ramphaſtos piperivorus,*
>*gen.* 46, *ſp.* 2.

COQ de roche, des Barbades & de Surinam.
>*Briſſ. gen.* 55, *ſp.* 1.
>*Edw. Widehop. pl.* 264.
>*Buff. pl.* 39.

MANAKIN noir.

Nota. Il n'eſt point décrit.

MANAKIN à tête blanche.
>*Briſſ. gen.* 56, *ſp.* 3.
>*Linn. Pipra leutocilla, gen.* 115, *ſp.* 9.
>*Edw. pl.* 260.
>*Buff. pl.* 324, *fig.* 2.

AUTRE MANAKIN à tête blanche, *id.*

MANAKIN à gorge blanche.
>*Briſſ. gen.* 56, *ſp.* 2.
>*Linn. Pipra gutturalis,*
>*gen.* 115, *ſp.* 10.
>*Buff. pl.* 324, *fig.* 1.

MANAKIN à tête d'or.
>*Briſſ. gen.* 56, *ſp.* 4.
>*Linn. Pipra erithrocephala,*
>*gen.* 115, *ſp.* 6.
>*Edw. pl.* 21.
>*Buff. pl.* 34, *fig.* 1.

E 3

MANAKIN à tête & col rouges.
    Briff. Manakin rouge ,
      gen. 56 , *fp.* 6.
    Linn. Pipra *aureola* ,
      gen. 115 , *fp.* 7.
    Edw. Manakin rouge & noir , *pl.* 261.
    Buff. Manakin orangé de Cayenne ,
      pl. 302 , *fig.* 2.

AUTRE MANAKIN à tête & col rouges, *id.*

MANAKIN à aigrette rouge & dos bleu.
    Briff. Manakin noir hupé ,
      gen. 56 , *fp.* 10.
    Linn. Pipra *pareola* ,
      gen. 115 , *fp.* 2.
    Edw. Manakin à dos bleu , *pl.* 261.

AUTRE MANAKIN à aigrette rouge & dos
bleu.

MANAKIN verd , ventre jaunâtre , mâle.

MANAKIN verd , femelle du précédent.

MOMOT à longue queue , du Bréfil.
    Briff. gen. 57 , *fp.* 1.
    Linn. Ramphaftos *Momotus* ,
      gen. 46 , *fp.* 8.
    Buff. pl. 370.

MOMOT à longue queue, de Cayenne, *id.*

MARTIN PÊCHEUR.
 Briff. gen. 58, *fp.* 1.
 Linn. Alcedo ifpida,
  gen. 62, *fp.* 3.
 Buff. pl. 77.

MARTIN PÊCHEUR, *id.*

AUTRE MARTIN PÊCHEUR, *id.*

GRAND MARTIN PÊCHEUR gris de Ternate.

MARTIN PÊCHEUR verdâtre des ifles Mal-
dives.
 Edw. Martin Pêcheur tacheté, *pl.* 335.

MARTIN PÊCHEUR du Bréfil.
 Briff. gen. 58, *fp.* 19.

MARTIN PÊCHEUR de Cayenne, *id.*

PETIT MARTIN PÊCHEUR hupé des Philippines.
 Briff. gen. 58, *fp.* 6.
 Linn. Alcedo criftata,
  gen. 62, *fp.* 1.

LE TODIER d'Amérique.
 Briff. gen. 59, *fp.* 1.
 Linn. Todus viridis,
  gen. 61, *fp.* 1.
 Edw. Moineau verd, *pl.* 121.

AUTRE TODIER, *id.*

LE GUEPIER.
    Briff. gen. 60, *fp.* 1.
    Linn. Merops apiafter,
      gen. 63, *fp.* 1.

L'OUTARDE mâle.
    Briff. gen. 66, *fp.* 1.
    Linn. Otis tarda, gen. 95, *fp.* 1.
    Buff. pl. 245.

L'OUTARDE femelle, *id.*

PETITE OUTARDE *ou* Canne Pétière, mâle.
    Briff. gen. 66, *fp.* 1.
    Linn. Otis tetrax,
      gen. 95, *fp.* 3.
    Buff. pl. 10.

PETITE OUTARDE *ou* Canne Pétière, fe‑
melle, *id.*

L'ÉCHASSE.
    Briff. gen. 67, *fp.* 1.
    Linn. Charadrius himantopus,
      gen. 88, *fp.* 11.

LE PLUVIER doré.
    Briff. gen. 69, *fp.* 1.
    Linn. Charadrius pluvialis,
      gen. 88, *fp.* 7.

AUTRE PLUVIER doré, *id.*

LE PLUVIER à pattes rouges.

LE PETIT PLUVIER *ou* le Guignard.
 Briff. gen. 69, *fp.* 5.

LE PETIT PLUVIER *ou* le Guignard, *id.*

LE PETIT PLUVIER à collier.
 Briff. gen. 69 , *fp.* 8.
 Linn. Charadrius hiaticula ,
  gen. 88 , *fp.* 1.

AUTRE PETIT PLUVIER à collier, *id.*

LE PLUVIER gris, dit le **Siffleur.**

LE VANNEAU.
 Briff. gen. 70 , *fp.* 1.
 Linn. Tringa Vanellus ,
  gen. 87 , *fp.* 2.
 Buff. pl. 242.

AUTRE VANNEAU , *id.*

VANNEAU de la Suiffe.
 Briff. gen. 70 , *fp.* 4.
 Linn. Tringa Helvetica ,
  gen. 87 , *fp.* 12.

LE VANNEAU varié d'Islande.
Briff. gen. 70, *fp.* 3.
Linn. Tringa varia,
  gen. 87 , *fp.* 21.
Buff. Chevalier varié,
  pl. 300.

LE JACANA *ou* Chirurgien armé.
Briff. gen. 71 , *fp.* 1.
Linn. Parra Jacana,
  gen. 62 , *fp.* 3.
Buff. pl. 322.

LE COULON CHAUD.
Briff. gen. 72 , *fp.* 1.
Linn. Tringa interpres,
  gen. 87 , *fp.* 4.

LA PERDRIX de mer.
Briff. gen. 73 , *fp.* 1.
Linn. Hirundo pratincola,
  gen. 117, *fp.* 12.

RASLE de genêt, *ou* Roi de caille.
Briff. gen. 74, *fp.* 3.
Linn. Rallus Crex,
  gen. 93 , *fp.* 1.

GRAND RASLE.
Buff. pl. 74, *fig.* 1.
Linn. Rallus aquaticus,
  gen. 93 , *fp.* 2.

RASLE d'eau.
Briff. gen. 74, *fp.* 1.

AUTRE RASLE d'eau, *id.*

PETIT RASLE bleu *ou* Marouette.
Briff. gen. 74, *fp.* 2.
Linn. Rallus porzana,
gen. 93, *fp.* 3.

RASLE verd.
Briff. gen. 74, *fp.* 1.

PETIT RASLE.
Briff. gen. 74, *fp.* 2.
Linn. gen. 93, *fp.* 3.

RASLE à bec & pieds rouges.

RASLE roux de Cayenne.

PAON des rofes, de Cayenne, dit auffi Oi-
feau-Soleil.

    Nota. Il n'eft pas décrit.

BÉCASSEAU *ou* Cul-blanc.
Briff. gen. 75, *fp.* 1.
Linn. Tringa ocrophus,
gen. 87, *fp.* 13.

AUTRE BÉCASSEAU, *id.*

GUIGNETTE.
> *Briff. gen.* 7**5** , *fp.* 2.
> *Linn. Tringa hipoleucos* ;
> *gen.* 87 , *fp.* 14.

AUTRE GUIGNETTE, *id.*

CHEVALIER à pieds rouges.
> *Briff. gen.* 75 , *fp.* 4.
> *Linn. Tringa gambetta* ;
> *gen.* 87 , *fp.* 3.

CHEVALIER à pieds rouges.
> *Briff. gen.* 75 , *fp.* 4.

CHEVALIER, *id.*

ALLOUETTE de mer.
> *Briff. gen.* 75 , *fp.* 10.
> *Linn. gen.* 87 , *fp.* 18.

ALLOUETTE de mer , *id.*

ALLOUETTE de mer , de Cayenne.
> *Briff. gen.* 75 , *fp.* 12.
> *Linn. Tringa pufilla* ,
> *gen.* 87 , *fp.* 20.

ALLOUETTE de mer, de Saint-Domingue.

PETITE ALLOUETTE de mer , de Saint-Domingue.
> *Briff. gen.* 75 , *fp.* 13.

PAON de mer *ou* le Combattant.
  Briſſ. gen. 75 , *ſp.* 18.
  Linn. Tringa pugnax,
    gen. 87 , *ſp.* 1.
  Buff. pl. 305.

LE MERLE d'eau.
  Briſſ. gen. 75 , *ſp.* 19.
  Linn. Sturnus cinclus ,
    gen. 106 , *ſp.* 5.

BARGE griſe.
  Briſſ. gen. 76, *ſp.* 2.
  Linn. Scolopax totanus ,
    gen. 86, *ſp.* 12.

GRANDE BARGE.
  Briſſ. gen. 76 , *ſp.* 3.
  Linn. Scolopax glottis ,
    gen. 86, *ſp.* 10.

BARGE rouſſe.
  Briſſ. gen. 76 , *ſp.* 5.
  Linn. Scolopax Laponica ,
    gen. 86 , *ſp.* 15.

BÉCASSE.
  Briſſ. gen. 77, *ſp.* 1.
  Linn. Scolopax ruſticola ,
    gen. 86, *ſp.* 6.

BÉCASSINE.
>*Briff. gen.* 77, *fp.* 2.
>*Linn. Scolopax gallinago,*
>   *gen.* 86, *fp.* 7.

AUTRE BÉCASSINE, *id.*

GROSSE BÉCASSINE.

PETITE BÉCASSINE.
>*Briff. gen.* 77, *fp.* 3.
>*Linn. Scolopax gallinula,*
>   *gen.* 86, *fp.* 8.

BÉCASSE de Savanne, de Cayenne.

>*Nota.* Elle n'eft pas décrite.

COURLI.
>*Briff. gen.* 78, *fp.* 1.
>*Linn. Scolopax arquata.*
>   *gen.* 86, *fp.* 3.

COURLI des grands bois de Cayenne.
>*Briff. gen.* 78, *fp.* 6.
>*Linn. Scolopax guarauna,*
>   *gen.* 86, *fp.* 1.

COURLI rouge du Bréfil.
>*Briff. gen.* 78, *fp.* 12.
>*Linn. Tantalus ruber,*
>   *gen.* 85, *fp.* 5.
>*Buff. pl.* 81.

COURLI rouge de Cayenne, *id.*

SPATULE blanche à aigrette.
Briff. gen. 79, *fp.* 1.
Linn. Platalea leuccodia,
gen. 80, *fp.* 1.
Buff. pl. 405.

SPATULE couleur dé rofe, de Cayenne.
Briff. gen. 79, *fp.* 2.
Linn. Platalea Ajaja,
gen. 80, *fp.* 2.
Buff. pl. 165.

AUTRE SPATULE couleur de rofe, *id.*

CIGOGNE brune.
Briff. gen. 80, *fp.* 1.
Linn. Ardea nigra,
gen. 84, *fp.* 8.
Buff. pl. 399.

CIGOGNE blanche & noire.
Briff. gen. 80, *fp.* 2.
Linn. Ardea Ciconia,
gen. 83, *fp.* 7.

HÉRON blanc d'Europe.
Briff. gen. 81, *fp.* 15.
Linn. Ardea alba,
gen. 84, *fp.* 24.

HÉRON blanc du Bréfil & de Cayenne.
Briff. gen. 81 , *fp.* 17.
Linn. Ardea alba,
gen. 84 , *fp.* 24.

HÉRON blanc de Madere , *id.*

HÉRON blanc & noir , à plumet.
Briff. gen. 81 , *fp.* 2.
Linn. Ardea major,
gen. 84 , *fp.* 12.

HÉRON brun *ou* pourpre.
Briff. gen. 81 , *fp.* 12.

HÉRON roux *ou* pourpré , hupé.
Briff. gen. 81 , *fp.* 14.
Linn. Ardea purpurea ,
gen. 84 , *fp.* 10.

HÉRON gris.
Briff. gen. 81 , *fp.* 9.
Linn. Ardea grifea ,
gen. 84 , *fp.* 22.

AUTRE HÉRON gris , *id.*

HÉRON pourpre de Cayenne.
Briff. gen. 81 , *fp.* 13.
Buff. pl. 349.

BUTOR

BUTOR.
>   *Briff. gen.* 81 , *fp.* 24.
>   *Linn. Ardea ftellaris,*
>   *gen.* 84 , *fp.* 21.

AUTRE BUTOR mâle, *id.*

BUTOR femelle, *id.*

CRABIER roux.
>   *Briff. gen.* 81 , *fp.* 33.

AIGRETTE verdâtre de Cayenne.

AIGRETTE blanche & noire du Bréfil, dite
   Tapirée.

BUTOR du Bréfil, dit Onouré des bois.
>   *Linn. Ardea Brafilienfis,*
>   *gen.* 84, *fp.* 23.
>   *Briff. gen.* 81 , *fp.* 23.

AUTRE BUTOR du Bréfil, dit Onouré des
   bois, *id.*

AUTRE BUTOR du Bréfil, *id.*

BUTOR rayé du Bréfil.

PETIT BUTOR de Cayenne.
>   *Briff. gen.* 81 , *fp.* 32 *ou* 40.

F

BIHOREAU.
>*Briff. gen.* 81, *fp.* 45.
>*Linn. Ardea nicticorax*,
>gen. 84, *fp.* 9.

BLONGIOS.
>*Briff. gen.* 81, *fp.* 46.
>*Linn. Ardea minutta*,
>gen. 84, *fp.* 26.

AUTRE BLONGIOS, *id.*

CRABIER jaune.
>*Briff. gen.* 81, *fp.* 37.

PETIT HÉRON fauve à aigrette.
>*Buff.* Héron hupé de Mahon, *pl.* 348.

CRABIER verd tacheté de Cayenne.
>*Briff. gen.* 81, *fp.* 44.

CRABIER verd tacheté de Cayenne, *id.*

LE SAOUAKOU brun *ou* Bec en cuiller.
>*Briff. gen.* 83, *fp.* 2.
>*Linn. Cancroma cochlearia*,
>gen. 83, *fp.* 1.

LE SAOUAKOU gris *ou* Bec en cuiller.
>*Briff. gen.* 83, *fp.* 1.
>*Linn. Cancroma cancofraga*,
>gen. 83, *fp.* 2.
>*Buff. pl.* 38.

Autre Saouakou gris, *id.*

Poule Sultane.
> *Briff. gen.* 87 , *fp.* 1.
> *Linn. Fulica porphirio,*
> *gen.* 91 , *fp.* 5.

Autre Poule Sultane, *id.*

Petite Poule Sultane verte des Indes.
> *Briff. gen.* 87 , *fp.* 3.

Poule-d'Eau.
> *Briff. gen.* 88 , *fp.* 1.
> *Linn. Fulica chloropus,*
> *gen.* 91 , *fp.* 4.

Autre Poule-d'Eau , *id.*

Poule-d'Eau à tête rouge, variété singu-
lière.

La Foulque.
> *Briff. gen.* 90 , *fp.* 1.
> *Linn. Fulica atra,*
> *gen.* 91 , *fp.* 2.

La Macroule.
> *Briff. gen.* 90 , *fp.* 2.
> *Linn. Fulica atterrima,*
> *gen.* 91 , *fp.* 3.

LE GREBE à oreilles, d'Irlande.
Briff. gen. 91 , *fp.* 6.
Linn. Colymbus auritus,
gen. 75 , *fp.* 8 , B.
Buff. pl. 400.

LE GUILLEMOT de Norwege.
Briff. gen. 92 , *fp.* 1.
Linn. Colymbus Troile,
gen. 75 , *fp.* 2.

LE PETIT GUILLEMOT du Nord.

LE MACAREUX de Norwege.
Briff. gen. 93 , *fp.* 1.
Linn. Alca arctica,
gen. 69 , *fp.* 4.
Buff. pl. 275.

LE PINGOUIN du Sud.
Briff. gen. 94 , *fp.* 3.
Linn. Alca Pica,
gen. 69 , *fp.* 2.

LE PINGOUIN du Nord.
Briff. gen. 94 , *fp.* 3.
Buff. pl. 367.

LE PLONGEON.
Briff. gen. 97 , *fp.* 1.

AUTRE PLONGEON , *id.*

PLONGEON des mers du Nord.

PLONGEON du lac de Conſtance.

PETIT PLONGEON.
  Briſſ. gen. 97, *ſp.* 2.

PETREL tacheté, dit le Damier du Cap de
  Bonne-Eſpérance.
  Briſſ. gen. 100, *ſp.* 3.
  Linn. Procellaria Capenſis,
  gen. 70, *ſp.* 5.

GOILAND gris, dit le Griſard.
  Briſſ. gen. 102, *ſp.* 5.

GOILAND cendré.
  Briſſ. gen. 102, *ſp.* 2.
  Linn. Larus griſeus,
  gen. 76, *ſp.* 7.
  Buff. pl. 253.

GOILAND brun du Nord.
  Briſſ. gen. 102, *ſp.* 4.

GOILAND.
  Briſſ. gen. 102, *ſp.* 1.

MOUETTE cendrée.
  Briſſ. gen. 102, *ſp.* 8.
  Buff. pl. 387.

MOUETTE çendrée à pattes noires.

MOUETTE grife.
> *Briff. gen.* 102 , *fp.* 7.

MOUETTE rieufe.
> *Briff. gen.* 102 , *fp.* 13.

MOUETTE rieufe à pattes rouges.
> *Briff. gen.* 102 , *fp.* 14.

HIRONDELLE de mer.
> *Briff. gen.* 103 , *fp.* 2.
> *Linn. Sterna minuta,*
> *gen.* 77 , *fp.* 4.

HIRONDELLE noire de mer, dite l'Epouventail.
> *Briff. gen.* 103 , *fp.* 4.
> *Linn. Sterna fiffipes,*
> *gen.* 77 , *fp.* 7.
> *Buff. pl.* 333.

GRANDE HIRONDELLE de mer.
> *Briff. gen.* 103 , *fp.* 1.
> *Linn. Sterna Hirundo,*
> *gen.* 77 , *fp.* 2.

HIRONDELLE de mer , brune.
> *Briff. gen.* 103 , *fp.* 7.
> *Linn. Sterna fufcata,*
> *gen.* 77 , *fp.* 6.

PETITE HIRONDELLE de mer.
Briff. gen. 103, *fp.* 2.

BEC-EN-CISEAU de Cayenne.
Briff. gen. 104, *fp.* 1.
Linn. Richops nigra,
gen. 78, *fp.* 1.
Buff. pl. 357.

HARLE blanc & noir, mâle.
Briff. gen. 105, *fp.* 1.
Linn. Mergus merganfer,
gen. 68, *fp.* 2.

HARLE femelle.
Briff. gen. 105, *fp.* 1.

HARLE femelle hupée.
Briff. gen. 105, *fp.* 2.

PETIT HARLE hupé, *ou* Piette.
Briff. gen. 105, *fp.* 3.
Linn. Mergus albellus,
gen. 68, *fp.* 5.
Buff. pl. 449.

HARLE hupé de la Louyfiane.
Briff. gen. 105, *fp.* 8.
Linn. Mergus cucullatus,
gen. 68, *fp.* 1.

OYE ſauvage.
> *Briſſ. gen.* 106, *ſp.* 2.
> *Linn. Anſer ſylveſtris,*
> *gen.* 67, *ſp.* 9.

OYE ſauvage, femelle, *id.*

AUTRE OYE ſauvage.

OYE blanche, domeſtique, avec ſes petits
Oiſons.
> *Briſſ. gen.* 106, *ſp.* 1.
> *Linn. Anſer domeſticus,*
> *gen.* 67, *ſp.* 9, B.

Très-groſſe OYE blanche & griſe de Gaſcogne.

Très-groſſe OYE brune de Gaſcogne.

Nota. Ce ſont deux variétés ſingulières
par leur groſſeur.

EIDER mâle d'Iſlande.
> *Briſſ. gen.* 106, *ſp.* 13.
> *Linn. Anas molliſſima,*
> *gen.* 67, *ſp.* 15.
> *Buff. pl.* 209.

EIDER femelle, d'Iſlande, *id.*

CIGNE.
> *Briff. gen.* 106, *fp.* 11.
> *Linn. Anas Cignus,*
>   *gen.* 67, *fp.* 1.

CANARD fauvage, mâle.
> *Briff. gen.* 107, *fp.* 4.
> *Linn. Anas bofchas,*
>   *gen.* 67, *fp.* 40.

CANARD fauvage, femelle, *id.*

AUTRE CANARD fauvage, mâle.

AUTRE CANARD fauvage, femelle.

CANARD-SIFFLEUR mâle.
> *Briff. gen.* 107, *fp.* 21.
> *Linn. Anas penelops,*
>   *gen.* 67, *fp.* 27.

CANARD-SIFFLEUR femelle, *id.*

CANARD dit le grand Siffleur hupé.
> *Buff. pl.* 928.

CANARD dit Souchet.
> *Briff. gen.* 107, *fp.* 6.
> *Linn. Anas clipeata vel mufcaria,*
>   *gen.* 67, *fp.* 19, B.

CANARD à tête & col maron, poitrine grife, dit le Millouin mâle.
Briff. gen. 107, *fp.* 19.

CANARD dit le Millouin femelle.
Briff. gen. 107, *fp.* 19.

CANARD gris oçulé, à collier Blanc.

CANARD gris à ventre blanc.

CANARD dit Tadorne.
Briff. gen. 107, *fp.* 9.
Linn. Anas Tadorna,
gen. 67, *fp.* 4.
Buff. pl. 53.

CANARD D'INDE *ou* mufqué.
Briff. gen. 107, *fp.* 3.
Linn. Anas mofchata,
gen. 67, *fp.* 16.

CANE blanche commune, avec fes Canetons.
Briff. gen. 107, *fp.* 1.
Linn. Anas bofcha, B. *domeflica,*
gen. 67, *fp.* 40.

CANARD de Tartarie.
Edw. pl. 194.

CANARD de Cayenne.

Nota. Il n'eft pas décrit.

CANARD de l'ifle Miclou.
    Briff. Canard à collier, de Terre-Neuve,
        gen. 107, *fp.* 14.
    Linn. Anas hiftrionica,
        gen. 67 , *fp.* 35.

CANARD branchu de la Louyfiane.
    Briff. gen. 107 , *fp.* 11.
    Linn. Anas fponfa,
        gen. 67 , *fp.* 43.

SARCELLE mâle.
    Briff. gen. 107 , *fp.* 31.

SARCELLE femelle, *id.*

AUTRE SARCELLE mâle , *id.*

AUTRE SARCELLE femelle.

SARCELLE d'été , *ou* petite Sarcelle.
    Briff. gen. 107 , *fp.* 32.

SARCELLE de la Caroline.
    Briff. gen. 107 , *fp.* 29.
    Linn. Anas ruftica,
        gen. 67 , *fp.* 29.

SARCELLE de la Guyane.

SARCELLE dite Soucrourou de Cayenne.
Briff. gen. 107 , fp. 35.
Linn. Anas difcors ,
gen. 67 , fp. 37.

L'ANHINGA.
Briff. gen. 108 , fp. 1.
Linn. Anhinga plotus ,
gen. 73 , fp. 1.

L'ANHINGA à ventre noir & gorge grife,
de Cayenne.

L'ANHINGA qui a tout le deffous du corps
noir.
Buff. pl. 960.

L'ANHINGA prefque tout noir, avec des
taches blanches aux aîles.

LE PAILLE-EN-CUL de l'ifle de l'Afcenfion.
Briff. gen. 109 , fp. 1.
Linn. Phaëton æthereus ,
gen. 74 , fp. 1.
Buff. pl. 369.

PAILLE-EN-CUL fauve.
Briff. gen. 109 , fp. 3.

LE CORMORAN mâle.
Briff. gen. 111 , fp. 1.
Linn. Pelicanus carbo ,
gen. 72 , fp. 3.

(93)

Le Cormoran femelle, *id.*

Autre Cormoran, *id.*

Le Pelican.
>*Briff. gen.* 112, *fp.* 1.
>*Linn. Pelicanus onocrotalus,*
>   *gen.* 72, *fp.* 1.

Le Flamand.
>*Briff. gen.* 113, *fp.* 1.
>*Linn. Phœnicopterus,*
>   *gen.* 79, *fp.* 1.

Autre Flamand jeune, *id.*

L'Avocette blanche & noire.
>*Briff. gen.* 114, *fp.* 1.
>*Linn. Recurviroftra Avoceta,*
>   *gen.* 89, *fp.* 1.

Il y a auffi une petite collection d'Œufs.

Plus, quelques petits Quadrupèdes, favoir: un Tatou, un Tanrel de Madagafcar, une Polatouche de Madagafcar, un Lézard à queue épineufe, du Bréfil, un Coati à queue annellée, un Cayman, &c.

Plus, quelques Infectes & quelques Madrepores des Indes.

Plus, environ cent cinquante Coquilles dont la plupart font des mers des Indes.

Plus , environ cent quatre - vingts morceaux de toutes fortes de Minéraux, qui font
prefque tous tirés des différentes Mines nou-
vellement découvertes dans la Province de
Languedoc. Tous ces morceaux font bien
choifis.

F I N.

Éditions de quelques Auteurs cités.

Linnæi Syftema Naturæ, editio duode-cima, reformata. Holmiæ. 1766.

Buffon, *Hiftoire naturelle des Oifeaux*, in-4°. Imprimerie Royale.

Briffon, *Ornithologia*, in-4°. 6 vol. 1766.

Nota. Les Oifeaux qui font dans l'efprit-de-vin, quoique feulement au nombre de trois ou quatre, font marqués.

A PARIS, de l'Imprimerie de STOUPE. 1782.